城市空间手绘表现

（线条篇）

单伟婷　主编

中国建材工业出版社

图书在版编目（CIP）数据

城市空间手绘表现．线条篇 / 单伟婷主编．-- 北京：
中国建材工业出版社，2020.8

　　ISBN 978-7-5160-2950-3

　　Ⅰ．①城… Ⅱ．①单… Ⅲ．①城市空间 – 空间规划 –
绘画技法 Ⅳ．① TU984.11

中国版本图书馆 CIP 数据核字（2020）第 104342 号

城市空间手绘表现（线条篇）

Chengshi Kongjian Shouhui Biaoxian（Xiantiao Pian）

单伟婷　主编

出版发行：中国建材工业出版社
地　　址：北京市海淀区三里河路 1 号
邮政编码：100044
经　　销：全国各地新华书店
印　　刷：北京雁林吉兆印刷有限公司
开　　本：787mm×1092mm　1/16
印　　张：8.75
字　　数：10 千字
版　　次：2020 年 8 月第 1 版
印　　次：2020 年 8 月第 1 次
定　　价：48.00 元

作 者 简 介

单伟婷，辽宁沈阳人，东北大学江河建筑学院讲师。

（1）2016 年，获批东北大学教学改革立项《大类招生背景下建筑类课程通才教学改革研究》项目，并于 2019 年结题；

（2）2016 年 9 月，指导学生作品《大"音"隐于市》参加全国高等学校城乡规划学科专业指导委员会举办的全国城乡社会综合实践调研报告大赛获二等奖；

（3）2016 年 9 月，指导学生作品《谁动了我的体育》参加全国高等学校城乡规划学科专业指导委员会举办的全国城乡社会综合实践调研报告大赛获三等奖；

（4）2016 年 9 月，指导学生作品《欲"生"还休》参加全国高等学校城乡规划学科专业指导委员会举办的全国城乡社会综合实践调研报告大赛获三等奖；

（5）2016 年 11 月，作品《清莲》获得第五届全国高校廉政文化作品大赛三等奖；

（6）2017 年 12 月，作品《清清·莲》获得第六届全国高校廉政文化作品大赛一等奖；

（7）2018 年 12 月，作品《朴素的红色历史》获得第七届全国高校廉政文化作品大赛一等奖；

（8）2019 年 11 月，指导学生获得"2019 年度全国高等院校大学生乡村规划方案竞赛——安徽安庆基地"佳作奖；

（9）2019 年 12 月，指导学生获得"2019 年度全国高等院校大学生乡村规划方案竞赛——乡村厕所"优胜奖。

序

  本书作者单伟婷是一位善于发现、捕捉和绘制美的学者，从她的作品里可以发现对建筑与美景热烈的爱，记得她在香港大学求学期间，她的手绘作品总能将这种热爱与激情感染给身边的其他同学。她从 2012 年开始至今，利用琐碎的时间游览世界各个城市，感受了法国、西班牙、意大利、梵蒂冈、瑞典、美国、日本等 10 余个国家 60 余个城市不同的城市肌理与风格。

  本书包含了她 100 余幅世界各个城市的手绘作品，分析讲解手绘中各种空间类型手绘的构图与绘制方法，从基础技法到完整手绘表现，画面优美，线条灵动道劲，个人风格表现得恰到好处，毫不做作。本书通过各国优美的城市建筑风景缩影，调动学生学习兴趣，培养其自我学习能力；通过风格阐述、线条对比、画面解析等讲解，将图画与技法融汇贯通，使学生系统性地学习手绘方法，帮助学生掌握手绘必备技能，调动学生学习手绘的主观能动性，增强学生学习手绘的兴趣，使其自我掌握勤学多练的良性学习方法，力求让学生将所学所用融汇贯通的表现方法与实际绘制相融合，从而提高手绘技能；通过大量的创作实例，为读者提供借鉴和临摹的参照，对提高手绘水平有促进作用。本书适合作为建筑类相关专业专用教材或辅助教材，也可作为从事建筑设计类工程师们的参考图书，是一本具备实用性的通用型建筑类手绘题材范本。

  单伟婷习惯在手绘创作与教学中总结自己的经验，提炼便捷有效的学习方法。本书从实用的角度循序渐进地讲解了城市手绘的相关知识，图文并茂，语言精练，内容翔实，方法新颖，聚焦手绘创作前沿领域，具有教学示范性和实用价值。本书基于"手绘表现"这一专业主线，以实际教学为目标，专注于建筑类专业人才在系统规划、设计创新、独立创造能力方面实际能力的培养。手绘是学习建筑、城乡规划和景观类专业的学生以及该领域从业者的必备技能，手绘的过程是获取图像信息并高质高效输出的过程，中间汇集了创作者独有的技法和想法，是一种充满艺术美感的思想的输出。本书教会学生"用笔来思考"，用手绘来表达自己的思想，赋予作品生机与感染力。

单伟婷在高校建筑类实际教学中积累了大量手绘教学经验，并落实到了本书的写作中，从章节的设置到手绘作品的选择再到讲解说明的撰写，致力于建筑相关专业前端手绘教学与应用。全书共分为七章，按照不同的空间类型编绘手绘内容，学生可以直观高效地利用此书进行学习。

　　单伟婷所积累的大量手绘创作与教学经验是独一无二的，通过她的眼睛、她的画笔和她的思想，将独特的手绘艺术风格一笔一画地完整无私地分享给相关专业学习者和手绘爱好者，这也是她整理出版此书的衷心，希望能将她的手绘才华和热情传播给更多读者。

姜　斌

2020 年 6 月 18 日于香港大学

前　言

　　城市对我们每个人而言是人生长河的摇篮，是梦想成真的温床，也是装着百味记忆的玻璃罐。在城市中除了忙碌的人类主角，还有悄无声息的配角，有倾听谈笑的街角，有目睹温柔的咖啡店，有默默不语的书店，也有一起成长的篮球场。从第一天接触画笔开始，我便深深痴迷于周边那些沉默的城市里的配角，仿佛能感受到它们在向我讲述一个又一个醇香旧事，每一个我到过的城市都在通过这些配角散发着独特的魅力。无论到哪个国家、哪个城市，我的手绘本总是满载而归，于是便有了这本手绘表现书的雏形，随着时间的积累，我想通过书籍的形式，让更多人感受到我对手绘与城市的这份热爱，也希望借此培养相关专业设计师对手绘的喜爱。在学习手绘技能的同时，感受我眼中的城市，我笔下的想法，通过手绘这种"专业语言"跟读者进行交流。

　　手绘技能是一个设计相关专业必备的技能，手绘表现的学习中，天分只是一方面，更多的还是一个量变产生质变的过程，大量的专业训练与日常的兴趣表现都是必不可少的，所以兴趣加上努力是一条学习手绘表现的捷径。作为设计师，我们应该对设计充满热爱，先试着发现日常生活中身边的美景，再焕发记录这些美丽的热情，经过学习和训练将自己的这份热爱留存下来，变成设计灵感和生活情趣。

　　现在很多建筑类专业学生都面临着计算机软件出图为主、手绘为辅的学习模式，这就使手绘技能越来越不被重视，但是国内相关专业研究生快题考试对报考学生的手绘表现能力有着越来越高的专业要求。本书在培养手绘学习兴趣、辅助手绘表现学习、丰富手绘表现技巧方面有一定的指导作用，是有效的通用型建筑类手绘表现辅助用书。

编者将传统的手绘训练分为两部分，本书为线条篇，另一本计划出版的书为色彩篇，有助于读者好线条和色彩进行针对性练习。手绘表现类书籍大多按照传统的建筑类、规划类、景观类等专业方向进行分类，市场有着大量的针对各个相关专业的分类图书，本书与传统分类方式不同，根据空间尺度大小将手绘图进行分类，是可以提供给各个专业手绘表现通用的书籍。读者可以按照大尺度空间、适中尺度空间、小尺度空间这三大类分类编辑的手绘表现图，用查字典的方式，根据自己学习和训练的需要，有针对性地阅读与使用本书。这种方式有效地扩大了读者的相关专业手绘学习范围，增加了读者对手绘表现的兴趣，也在提高相关专业学生的手绘技能的同时满足相关领域从业人员手绘技术能力训练与学习的需求。

编　者

2020 年 4 月

目 录

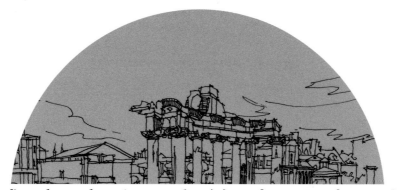

城 市 空 间 手 绘 表 现 概 述

1.1 手 绘 工 具 的 运 用

1. 笔类

绘图铅笔、自动铅笔是画设计初稿或者手绘表现前期打辅助线时运用的最普遍工具，碳素笔、针管笔、毡头笔、钢笔是线条描绘和效果表现的时候常用的成稿绘画工具。所用工具不同，手绘表现的效果也截然不同，比如铅笔的表现风格以建筑速写为主，强调画面的概括能力和快速的表现方式，所以铅笔手绘表现的特点是"快""简"；而钢笔表现强调画面的完整度和细节的表现，所以钢笔画的特点是简洁的细致描绘、快捷的慢速作画、优美的艺术表现。

铅笔、针管笔、钢笔等不同绘画工具的运用，都需要扎实的画功和系统的训练。因此，行云流水的表现技法和日复一日的技能练习都是必不可少的。在今后的学习和工作中，能更准确和快速地将设计思路表现出来是设计师间进行交流至关重要的专业技能，并能让学习者和工作者在设计实践中发挥出重要的价值。

　　不同的笔尖形成的线条风格不同，针管笔线条较为生硬，缺少变化；碳素笔、毡头笔则可表现出不同粗细的线条，线条变化丰富；钢笔的笔尖需要磨合，长时间使用以后会形成个人线条风格，这样的表现效果是最轻松和最灵活的。推荐学习手绘的初学者使用碳素笔和毡头笔，熟练掌握表现技能的学习者最好使用钢笔。

钢笔的笔尖也不完全一样，分工程类图纸钢笔和表现类钢笔，区别在于笔尖的粗细和笔头的弹性程度。手绘表现类推荐笔尖较为凸出的，笔头材质柔软有弹性，使线条更丰富多变，画面不刻板，表现更灵动。

线稿部分建议多采用油性墨水的绘图工具，由于水性墨水的速干性没有油性墨水好，所以容易在画面造成不小心拖曳的痕迹，留下无法更改的污渍，影响画面效果。油性墨水可以很好地避免后期材料运用时产生的二次晕染，如果后期想用水彩等水性颜料，就无法用水性笔描绘前期线条。

2. 纸类

一般市面上可用于设计的纸张种类特别多，各类纸基本都可以使用，但是太薄、太软的纸张不宜使用，一般选择质地较结实的纸张，比如色版纸、素描纸、荷兰纸、肯特纸、绘图纸。在训练阶段比较常用的是较重克数的复印纸，复印纸规格多，纸张表面光滑细腻，吸墨性适中，能使线条流畅，增加画面艺术效果；在成稿完成阶段，推荐使用荷兰纸、肯特纸、绘图纸，它们质地较厚且有韧性，方便保存和携带，纸张相对光滑，吸墨性比复印纸更好，所以笔触的停留会营造出不一样的线条变化。但是每一种纸都需配合工具的特性而呈现不同的质感，如果选材错误，会造成不必要的困扰，降低绘画速度与表现效果。

1.2 手 绘 线 条 技 能 的 掌 握

手绘线条的基本要素：透视、造型、构图。

　　手绘线条是手绘表现中最重要、最基础的构成元素，练好线条就掌握了手绘表现的重点。线条的表现在画面中看似很简单，其实千变万化，手绘表现强调线条的美感、节奏、虚实、曲直等艺术感的表达，想要使画面给人生动、轻快的感受，就要使线条有气势、有生命力，这在手绘表现中也是很难快速掌握的技巧之一。通常的手绘表现训练就是从单纯的直线、曲线开始训练，然后到体块的组合训练，最后才是成图的表现，但本书采用了逆向思维，先抓住表现的中心和重点进行描绘，线的对错与否并不是那么重要，然后在画的过程中慢慢调整线条的节奏与韵律，最后控制画面的平衡与布局。这样的表现学习方式，能让学生以轻松的心态完成手绘表现的学习，将想要表现的主要内容顺利地表现出来。

手绘表现与绘画具有不同的属性，绘画针对的是艺术方面的问题，以强调个人主观意识为主，着重强调画面的色彩、意境、构图、个人情绪等；设计师所关心的是如何解决至关重要的设计问题，如何快速地表现出设计重点。其实，写与画都是设计师需要掌握的重要的线条表现技能。

手绘是环境设计中一种不拘泥于形式与方法、在短时间内将所表达对象描绘出来的表现技法，是最快捷的设计表现语言，不受时间与工具的限制。手绘作为一种图形语言，是建筑类设计师表现设计意图必不可少的重要技能。设计师需要熟练掌握手绘表现的一些基本原理和表现方法，严格把握对象结构的逻辑性、空间形体的严密性和尺度比例的准确性，顺利把设计意图完全地展现出来。

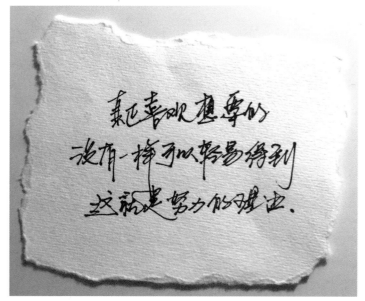

1.3 个 人 风 格 的 形 成

　　手绘作为设计师之间的专业语言，一笔一画都记录着设计师的灵感和想要表现的信息。对空间的表达是手绘画面的主体，线条并不是手绘画面的主体，所以自然、简洁的线条有助于清晰地表达空间。对直线来说，线条的表现不要过于匠气，可以适当灵活，不要刻意地追求类似工程制图的标准的横平竖直的效果，只要保证画面主体的直线感并确保空间关系没有错误即可，而曲线则需在保证透视结构无误的基础上，确保线条优美流畅即可。

　　通常的手绘学习都是从临摹大师的作品开始的，首先生硬地模仿大师的线条与表现技巧，再将别人的风格描绘成自己的。本书对手绘学习的主张则是自由地手绘表达，不刻意控制和模仿他人线条的样式，直接培养自己的手绘风格。

其他手绘表现风格临摹

手绘表现的画面主要追求形式美和节奏感和谐地表达，但须注意不能将空间关系和艺术美感的主次关系颠倒过来。任何风格的手绘表现都是以空间关系、形态结构、组合方式为主要表现内容，线条的聚合与疏离关系的把握、画面均衡的控制、留白的表现等艺术处理的手法与前者相比都是次要的。

留白处理手法：通过对线条聚合疏离关系的把握制造留白的画面效果，给人轻松灵活的感觉。

画面完整度和材质细节的表现手法：密集的线条和材质的透视变化，给人以强有力的进深感，强调了画面重心。

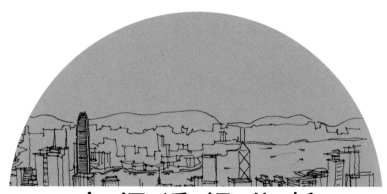

空间透视分析

2

2.1 基 本 概 念

基面：物体所在的水平面（G）。

画面：透视图所在的平面（P）。

基线：基面与画面的交线（gl）。

视点：画面观看者眼睛所在的位置（S）。

站点：画面观看者站立的位置，即 S 在 G 上的垂直投影位置（E）。

主视线：也叫中心视线，垂直于画面 P 的视线。

视平面：视点 S 所在的水平面。

灭点：透视点的消失点。

距点：将视距的长度反映在视平线上心点的左右两边所得的两个点（D）。

迹点：平面图引向基面的交点（TP）。

一般常用的手绘透视图基本画法是建筑师法，利用迹点和灭点确定直线的透视方向，然后借助视线的水平投影与基线的交点确定各点的透视位置，进而得出直线的透视长度的方法称为建筑师法。由于要利用视线的水平投影确定透视位置，故建筑师法画透视图时，必须将水平投影图置于画面的上方。建筑师法不需要在画面上连接心点与各点的正面投影，故画面上线条较少，图面更清晰。

绘制复杂建筑形体时，通常先将建筑物的平面图的透视画出来，在此基础上再将各部分的透视高度竖起来，从而得到整个透视。由于视点、画面和物体的相对位置不同，物体的透视形象将呈现不同的形状，从而产生各种形式的透视图，一般常用的为一点透视图、两点透视图、三点透视图。

掌握好透视关系，并将透视关系形象化地记在脑海中，通过训练将透视关系熟练地掌握与运用。一般室外场景的表现空间尺度都较大，透视较为抽象，不便于表现，设计的内容也就无法轻易地被表现出来，所以要利用好一点透视和两点透视这两种最常用的透视手法把抽象的空间表现出来，做到透视在眼中、透视在心里、透视在纸上的贯通一气的表现技能。

2.2 一 点 透 视

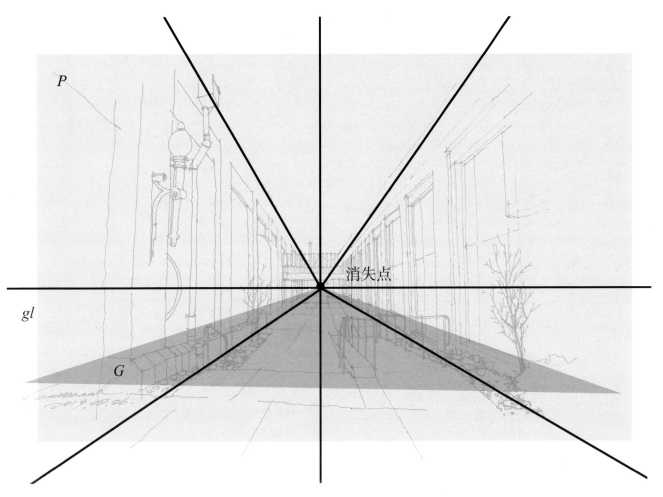

P

gl

G

消失点

一点透视即画面具有一个消失点的平行透视，物体只有一个方向的轮廓线垂直于画面，利用透视的近大远小的原理可以表现空间进深感，加强前后空间大小的比例对比，从而强调前后物体的透视关系。一点透视表现空间角度较为广阔，纵深效果强烈，远近关系清晰，一般用于表现广场和街道。但一点透视手绘表现图效果一般都比较单一、不活泼。

常见的标准一点透视多用来表现笔直的道路中间的空间场景。

2.3 两 点 透 视

　　两点透视即画面具有两个消失点的成角透视，物体只有垂直于基面的轮廓线平行于画面，而另两组水平的轮廓线均与画面斜交，于是在画面上就会得到两个灭点，这两个灭点都在视平线上。用两点透视表现的画面主体突出立体，体量感很强，且具有视觉冲击力。所以两点透视多被用于大型建筑单体表现。两点透视的特点是令画面反映的形体较为全面。虽然两点透视能轻松地表现出空间的组合关系和效果，但是如果消失点的位置掌握不好，画面容易变形，所以一般情况下，两点透视图中的消失点都在画面以外，要靠设计师自己掌握位置关系，以协调画面透视效果。

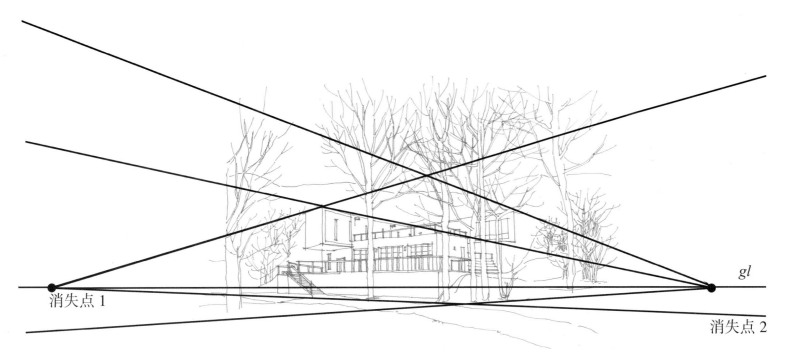

消失点 1

gl

消失点 2

两条相交的倾斜透视线粗会于基线，两条透视线与基线形成一定的夹角，这样的透视就是两点透视。

2.4 三 点 透 视

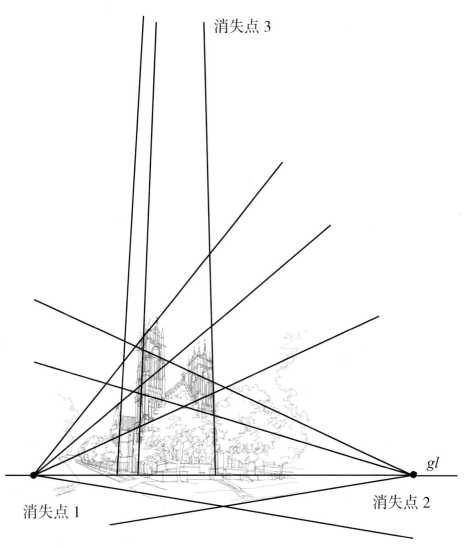

消失点 3

消失点 1

消失点 2

gl

三点透视即画面具有三个消失点的斜角透视，因投影线不是互相平行地集中于视点，所以显示物体的大小并非真实的大小，有近大远小的特点。三点透视根据第三消失点分为仰视和俯视两种，画面最和谐但具有一定的表现难度，一般用于表现超高建筑或鸟瞰图。

其实人眼看到的两点透视的景象都是三点透视，只是在手绘表现的时候对画面进行了视觉矫正，因为消失点 3 通常都存在于画面以外很远的地方，所以一般都被表现为两个点。

　　在熟练掌握了透视原理之后，学习者就可以大量运用一点透视和两点透视去表现空间，通过目测法检查画面透视线和消失点，保证两者大致准确就可以了，手绘表现的画面允许轻微误差的出现。目测法的经验是通过日积月累形成的，可以凭着自己的经验去自由掌握，掌握以后可以大大提高绘图的速度，更加准确生动地表现所描绘的空间场所。空间场景的手绘表现也要将宏观方面作为切入点，首先确定消失点的大致位置，再选定好视平线，最后用铅笔画出透视轮廓，或者用钢笔结合空间关系画出大概的透视轴线。手绘表现主要保证大体符合透视关系，视觉上看着没有大错误即可。

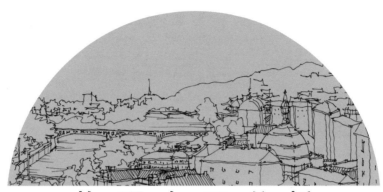

构图布局分析

3

在大部分的手绘表现构图中，首先要突出表现中心物体，其次是保证画面平衡感，高水准的手绘表现还会考虑画面的"取舍"问题。通常采用稳定的三角形构图和平行四边形构图，有时面对复杂的画面，高阶设计师还可混合使用两种构图方式。确定好最佳表现角度和视点，选择安排空间中主要景物的位置、比例、尺寸等结构关系。描绘整体空间时要注意空间中各个物体间的取舍、组合和加工细节。同时掌握整体与布局、多样与均衡、对立与统一之间的美感关系。

三角形构图

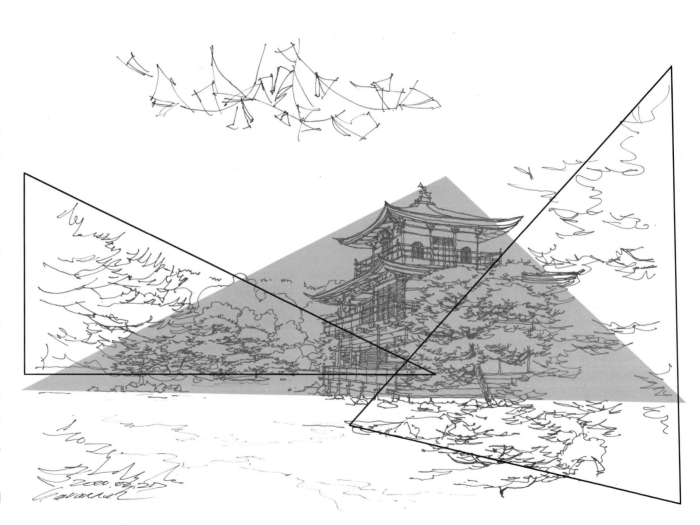

四边形构图

开始构图阶段，将主要的透视定好位置，确定好大致的透视轴线，对画面中的植物、建筑物、路面、天空等进行勾勒，可以选择先搭建基本画面布局，再进行细节深入的方式；也可以选择先确定画面中心部分，再进行周边部分绘制的方式。第二种方法对设计师的透视、构图、画面的掌控能力要求极高，适合高阶手绘表现。

混合构图

3.1 横版构图

横版构图和竖版构图都强调画面透视线和消失点的黄金分割构图比例，横版构图更适合表现体块关系和透视关系，使画面具有较强的进深感，同时要注意横向构图中水平方向的疏密关系，突出表现主体，强调画面中心；线条表现上要注意疏密关系。

视觉中心的布局示例

3.2 竖版构图

竖版构图在强调画面透视线和消失点的黄金分割构图比例之外，要注意垂直方向中的对称与均衡，使画面具有较强的视觉冲击效果，增加远近层次的呼应关系，线条以简单明晰为主，将画面适当留白，提升竖向构图画面的轻松感。其实，不管是竖版构图还是横版构图，形成三角构图的画面是最稳定也最有视觉冲击力的画面。

无论是哪种构图方式，手绘表现强调对整体空间的把握，设计师首先要明确画面主题，主体突出，吸引眼球；其次要营造好空间关系，表现出空间层次的对比和节奏；最后要强调形式美感，掌握平面构成和立体构成的技巧，用点、线、面形成的多样均衡与变化统一的美感，保证表现画面的整体美感。

画面的平衡感布局示例

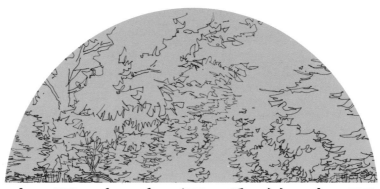

大尺度空间手绘表现

4

4.1 鸟 瞰 图

鸟瞰图一般分为一点透视鸟瞰图、两点透视鸟瞰图和三点透视鸟瞰图，比较常用的是三点透视鸟瞰图。三点透视鸟瞰图就是高视点三点透视图，是从较高处某一点俯视地面所绘制的效果图，较平面图而言真实感突出，同时空间关系也更明确，多运用于规划和景观专业的大场景空间表现，例如景观节点、居住区中心空间、商业中心，不仅能够表述出构筑物的位置关系，而且有利于表现空间高度上的层次关系。

此画是香港维多利亚港海岸线景观（参见本书第 123 页图）。在手绘表现训练中，我们可以经常变换表现内容和风格，从对不同景物的表现中体会各种画面质感的表达。

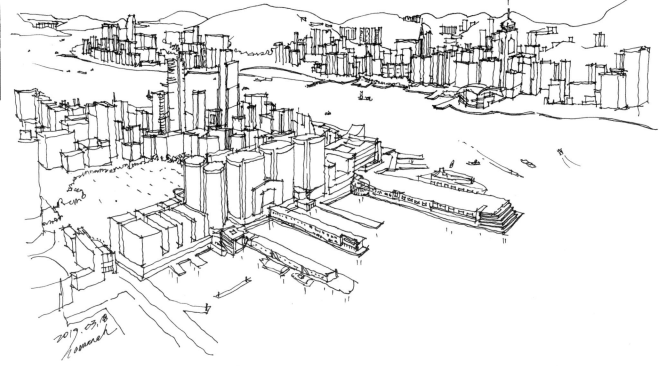

这幅手绘是布拉格的城市掠影，画面处理上采用近实远虚的效果，强调近处的体块关系和材质细节，而远处的画面则多采用概括性的轮廓线去表现，使画面有表现的重心与重点。

2018. 12. 21
Savannah

图中是从意
大利圣天使堡往
下远眺罗马城的
画面，在表现这
种密集的空间关
系时，可以采用
近实远虚的手法。

如果画面的
重心在远景处，
则可以采用远实
近虚的方式强调
出画面的重心，
近景处的画面做
适当留白和省略
的处理，远景强
调画面的主体，
吸引观赏者的注
意力，形成视觉
中心。

4.2 半鸟瞰图

相对于鸟瞰图而言，半鸟瞰图第三视点的高度没有鸟瞰图高，它更有利于反映出一个区域中各建筑物、道路、设施等的平面位置及相互关系。可以以近处细节为主体，忽略远处的物体。

应对城市缩影的画面时，在控制好表现的尺度比例的同时须注意场景的描绘技巧，不要顾此失彼。

人眼和相机所呈现的画面区别在于，人眼对于看到的物体透视畸变会经过大脑的"自觉"处理，而相机不会，所以在手绘表现的时候，要注意意轻微的人为"手动"矫正。

这个半鸟瞰图的视觉中心（要表现的画面重心）是桥尽头的建筑主群，所以近景的建筑和远景的桥都被虚化处理，以强调画面表现的中心是建筑群。

这幅画表现的是意大利的古罗马废墟，手绘图既保留了古城废墟的斑驳感，又展现出周围新建筑的勃勃生机，在对画面中心残柱群的表现上运用了大量的细节表现（参见本书第124页图）。

在表现高楼林立的城市鸟瞰图时，尽量多地表现建筑轮廓细节，但要控制好画面节奏，远处适当留白。

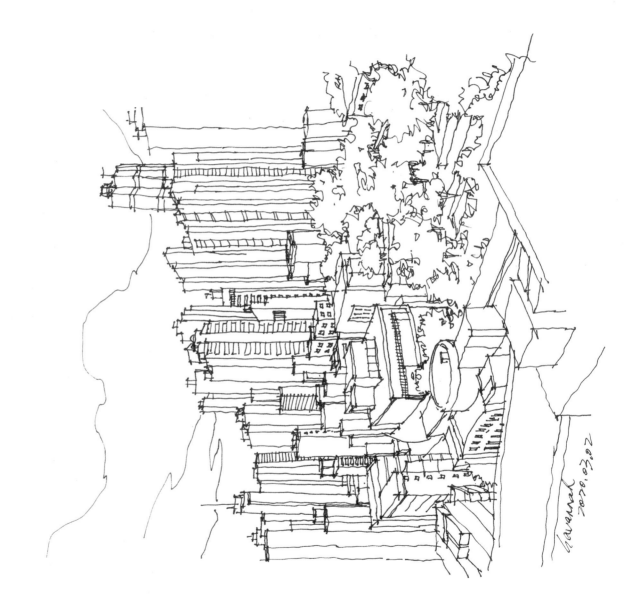

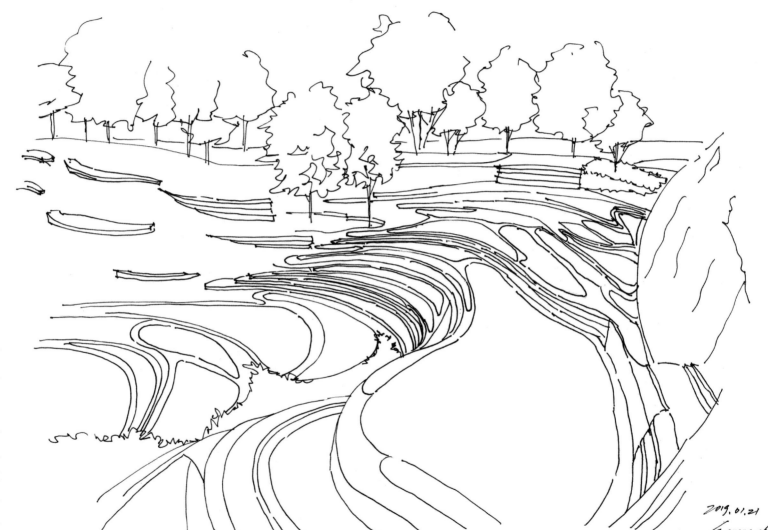

在画面
中表达大量
曲线的时候，
线条的表现
不需要太复
杂，可以靠
后期的色彩
强调空间层
次。

2019.01.21

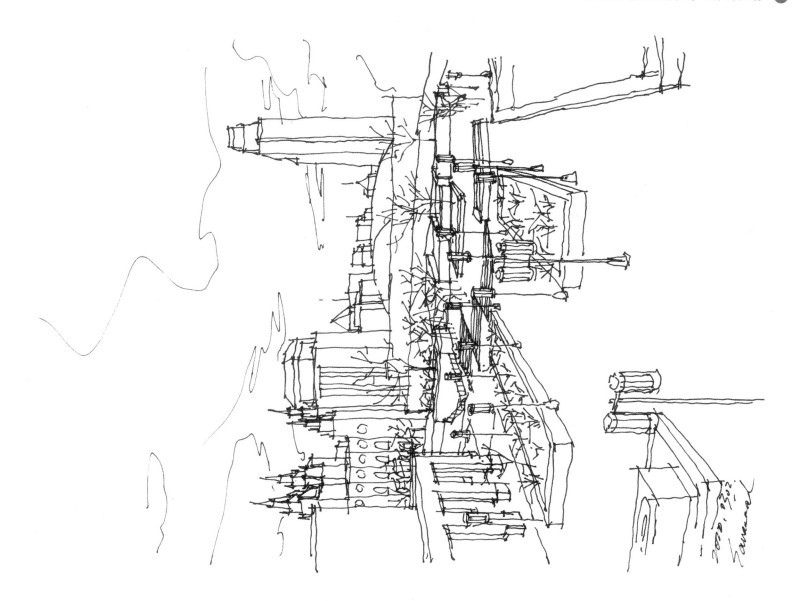

适 中 尺 度 空 间 手 绘 表 现

5

5.1 一 般 透 视 图

一般透视图是在平面图的基础上，直观地表现设计效果的表现图。它准确地将三度空间的景物描绘到二度空间的平面上，涵盖大量设计信息和表现细节，并有明显的视觉中心和表现主体。它适合于建筑、规划和景观等大部分建筑类专业手绘效果表现。

针管笔在被用于手绘表现的时候，线条往往没有钢笔或者碳素笔灵活、生动。

针管笔线条的死板缺点在建筑空间表现上被暴露出来，纠错的压线效果也不理想。

在植物表现的细节处理上，应注意植物密度和叶株形态的表现。

线条不但要先突出形体轮廓，确认构图框架，还要根据远近景细节处理表现出虚实关系。

2019.03.16
Savannah

2019.03.22

对水面上植物的处理，不要过于强调细节，植物太过于突出会破坏水面的完整性。

2018.12.02

2019.09.10
Gemmel

在表现
构筑物结构
非常复杂的
画面时，应
采用适当的
留白，制造
画面的轻快
感。

表现意
大利台伯河
畔景观的时
候，应注意
本岸、对岸、
远景三者的
关系。

可以用植物的灵
活曲线打破一点透视
的沉闷感。

2019.05.07
Emannal

2018.12.21

2019.0.02

适当的近景省略线条留白和远景线条密集处理的手法，也可以突出近景，密集的线条给画面带来进深感。

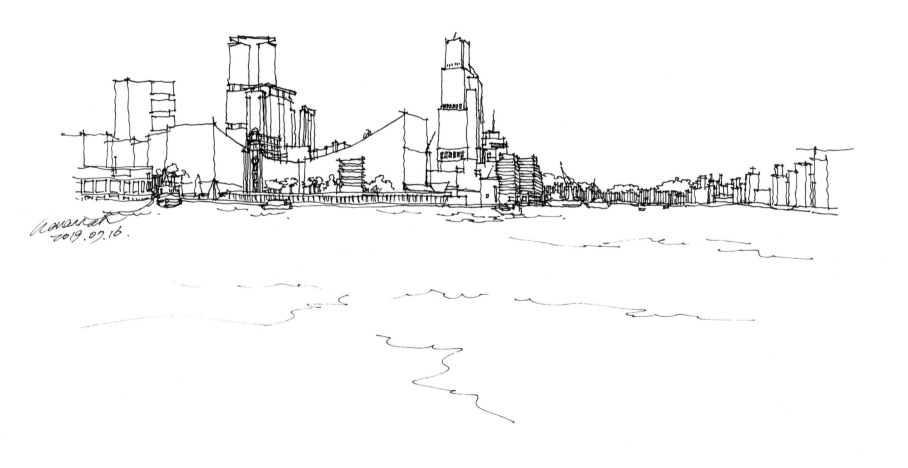

此图所绘的是佛罗伦萨"翡冷翠"老桥美景。

滨水景观的画面表现较强调画面平衡，可配以适当的省略。

草坪可以用断断续续的短线勾勒地势轮廓，大面积的画面采用留白的手法，近景的杂草可以用一些乱线作为点睛之笔。

5.2 主 要 透 视 图

主要透视图涵盖主要设计信息和主要细节，并有主要视觉中心，适合于建筑外部环境、景观中心、规划细节的手绘效果表现。

在表现如罗马斗兽场这般周边建筑低矮且缺少周边关系衔接的庞大体量感单体建筑时，可以适当地增加对地面和天空的描绘。

当画面已经非常饱满的时候，可以弱化天空的处理。

处理大量人群和具有台阶高差空间的时候，需注意控制好画面重点，可适当减少周围建筑的细节表现(参见本书第125页图)。

在右高
左低的不平
衡画面中，
可以用天空
平衡画面。

画面中表现的是日本金阁寺。画面中建筑复杂，细节繁多，植物茂密，水面的处理就可以采用另外一种线条表现，既完善了画面，又不使画面过于饱满。

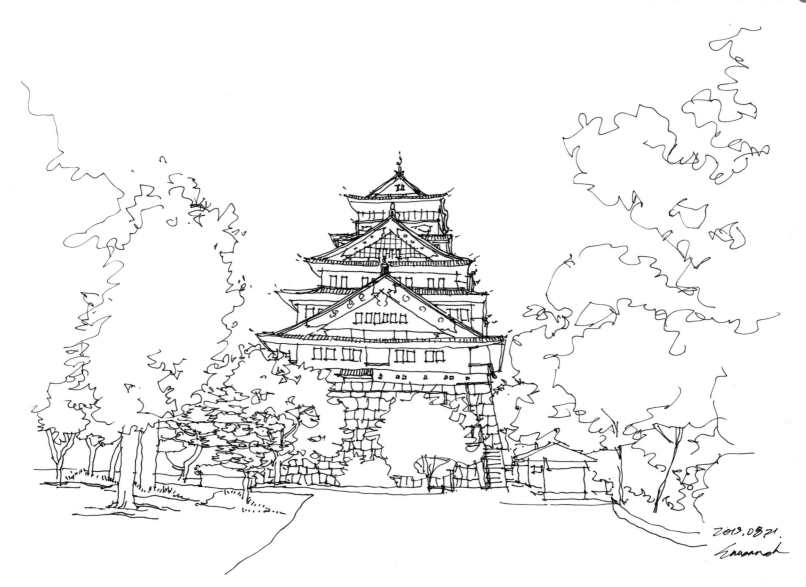

2013.08.21.

比较复
杂的街道，
可以选择突
出画面中心
细节，弱化
周围物体。

2000.01.30
Gevarrah

对日本街道复杂的街道空间表现，主要以勾勒建筑特点为主，配以招牌、电线、窗户用于丰富画面细节。

北京望京 SOHO 庞大的建筑体量被柔和的曲线打破，形成了动感十足的画面。

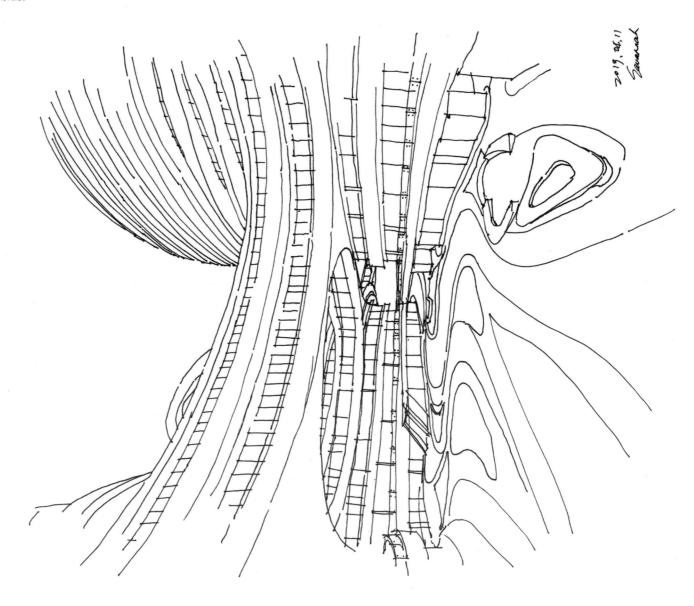

画面中是法国拉维莱特公园
一角，铺装的表现可以突出透视
界面，一点透视中效果最为明显。

北京松美术馆，草坪、迎客松、白色简洁的建筑形成有特点的画面感。

2018. 12. 16

在表现建筑在远景、植物在近景的画面时，可以采用穿插的表现方式。

2019.01.01
Savannah

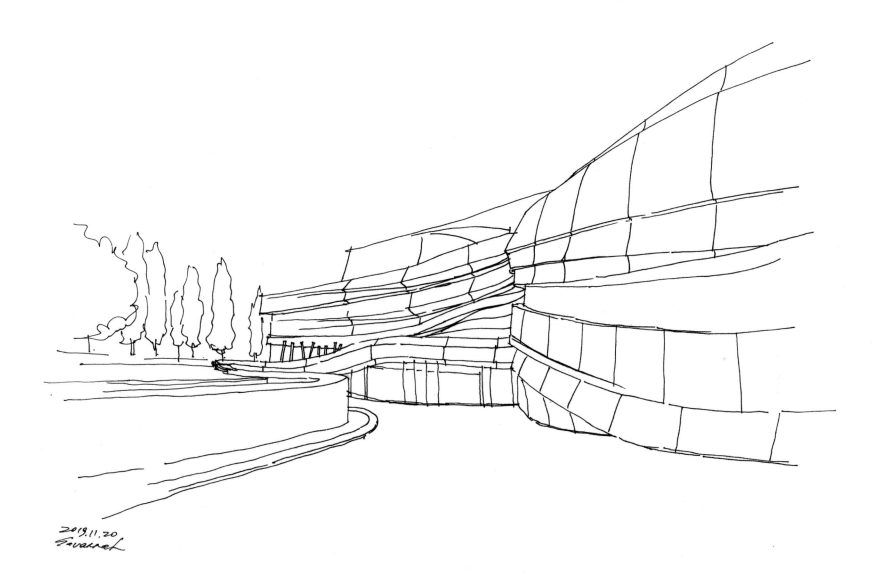

2019.11.20
Savannah

地面铺装在表现中起到稳定画面的作用，图中对地面细节的描绘手法，可以烘托出地面上的建筑主体。

2019.02.10

草地的表现一般用短线、折线、小曲折线进行疏密的排列，大量留白。

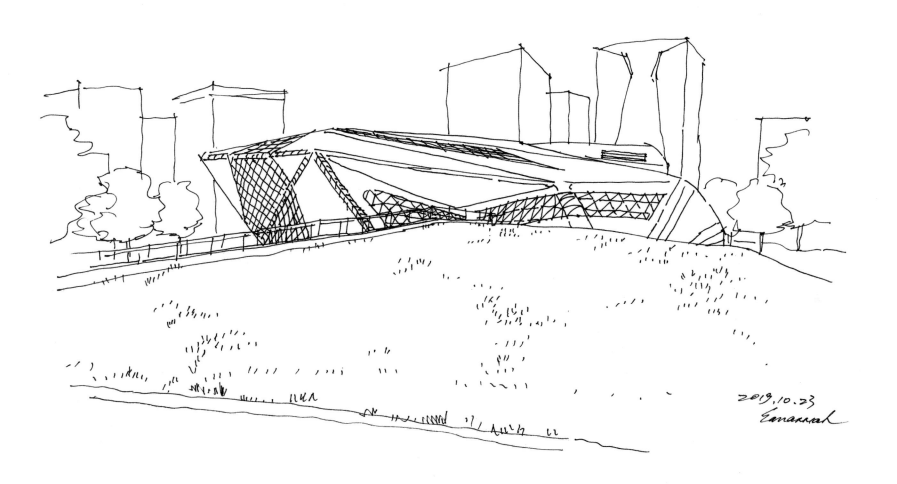

2019.10.23
Emanrah

线条分主次、软硬、曲直，如画面中建筑用有力的直线表现出刚劲感，植物用多变的曲折线表现出空间的灵动感，天空中若有若无的曲线表现出天空的柔和美。地被植物常用概括轮廓来表现，注意植被范围和明暗关系。

上海油罐艺术中心，对场地的高差处理比较柔和，使工业建筑很好地融入了自然景观。

2020. 03. 13
Savannah

在表现高大建筑时，为凸显建筑的高大宏伟，可以用明快、简洁的笔触总结出准确的体块关系，使画面产生利落、大气的视觉效果。

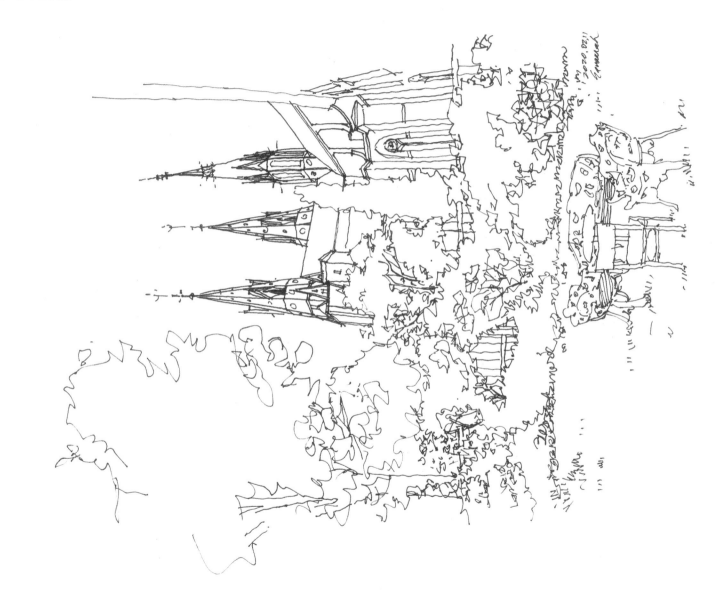

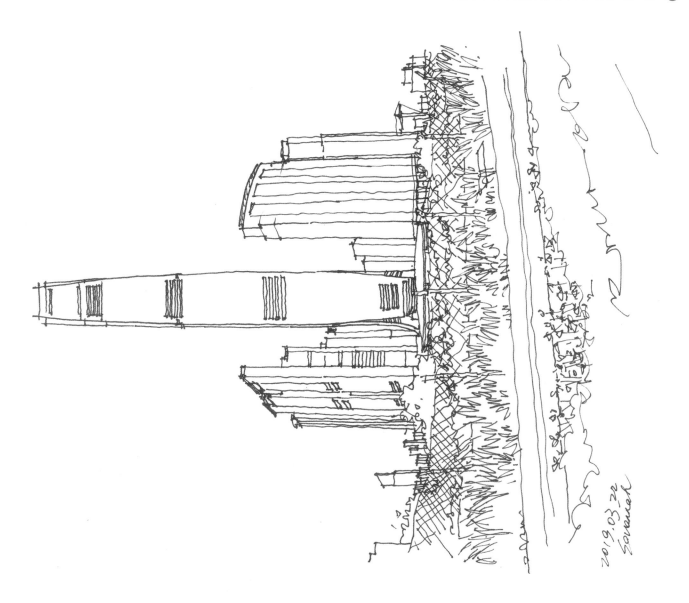

小尺度空间手绘表现

6

6.1 节 点 图

节点图是建筑外部细节与景观设计节点的表现图，涵盖设计的细节信息，用以表现小尺度空间的空间组合形式。

对乡间小路的杂草、碎石、沙土的表现以概括和省略为主，以表现出材质区别为宜。

对密林的表现应强调
画面中近景的细节，注意
植物的殿后叠压关系。

2020.03.22
Savannah

对铺装
材质的表现
不要过多，
注意其和建
筑的过渡。

典型北欧乡村风光，
强调近实远虚。

有时在不同
形态的植物表现
中，需要把叶片
的特征、植株的
形态以及各个植
物之间的穿插关
系都表现出来。
同时控制好画
面，细节只是相
对细节，而不是
整个画面都是细
节，要注意线条
组成的画面明暗
关系。

在画面中表现植物的比较复杂的画面，应该注意留白，以保留植物形态为主，不需增加过多的叶片细节。

画面中是
香港湿地公园
滩涂地景观栈
道。为了表现
晴空万里，使
用鸟加强天空
的表现力，且
不描绘云彩。

对不同材质的表现，所用线条应决然不同。

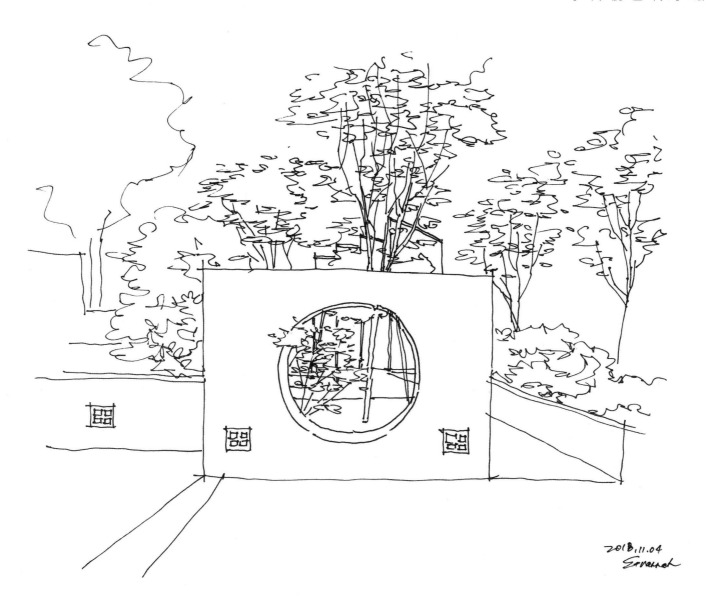

2018.11.04

6.2 细 节 透 视 图

2019.09.09
Gavin.h

　　细节透视图是针对建筑材料细节与景观铺装样式的表现图，主要刻画微观尺度设计细节，比如空间结构、体面材质、明暗调子等。

　　画面中是瑞典乌普萨拉中央火车站站前的电动自行车停车场，在表现这种密集的物体群时，更要注意视觉中心的突出（参见本书第 126 页图）。

本图中的植物和构筑物细节已经很丰富，所以水面的处理以留白为主，没有进行明暗关系和水波纹的渲染。

石头造型和质感进行表现是有难度的，要注意对石头纹理和转折关系的刻画。

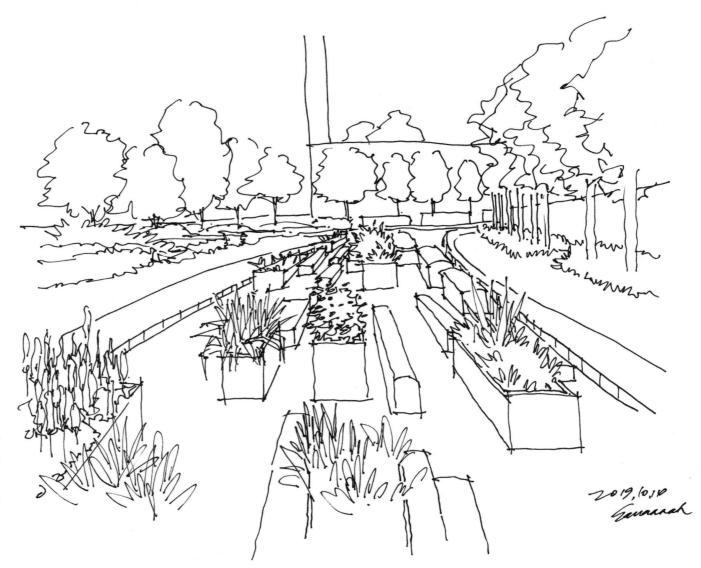

美国盐湖城大部分城市中心都是坡路，街道上布满大台阶，台阶会为画面带来强烈的纵深效果，使之节奏明快。

2019.10.18
Savannah

2019.02.27

立方
体和大台
阶一样，
给画面带
来强有力
的空间感
和进深效
果。

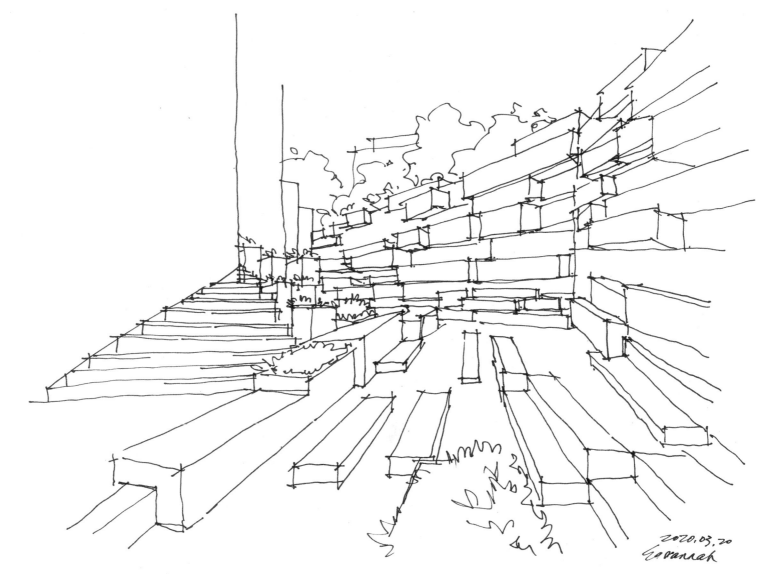

2020.03.20
Savannah

2019.03.18.
Savannah

一个贯穿
画面的整体物
体可以将画面
很好地联系起
来，增加空间
的穿插关系和
透视关系。

2020.07.11

2019.0518
Savannah

2020.01.12
Gavannet

手 绘 的 未 来 发 展

7

　　在未来的发展中，传统的手绘表现仍然是每一位设计师必须掌握的专业语言工具，无论是建筑类的哪个专业，做设计需要人脑的创造力和灵感，而手绘表现因为有着与绘画和艺术相似的技巧和方法，所以更容易产生艺术效果和艺术气质的风格。手绘效果图是艺术创作形式之一，手绘的优点是不受条件限制，方便交流，易于发挥设计师的灵感和艺术创作性，这些是计算机所无法完成和替代的特性。比如在方案设计的初期阶段，设计师需要将头脑中形成的设计思路快速地描绘在纸上形成视觉图像，这个阶段的设计表现需要正确地掌握整体空间组织关系，并不需要画面表现出设计的每一个细节，所以手绘比计算机制图更省时、方便，而且更直观。

　　一个有创意的设计，其灵感的火花是在"想"和"画"的反复推敲中碰撞出来的。有时候好的构思会在头脑中稍纵即逝，设计师要快速地通过草图来记录自己的想法。当然，设计草图不单单是一种记录和表达，还是设计师对设计对象进行构思和推敲的过程，起着整理、引导思维的作用。例如，对一些结构的考虑、对整个形态的把握等都需要一些具象的图形来思考，所以设计草图要描绘得十分准确、具体，才能对设计有一个良好的促进作用。

　　这种简洁的方式是设计师们所追求的，手绘表现是计算机制图的前提和基础，是设计的雏形，应使两者的优势相结合，让风格各异的手绘为灵感服务，用计算机完成复杂精确的细节设计。所以，在未来，手绘表现仍是每一位环境设计师必须掌握的专业语言工具。

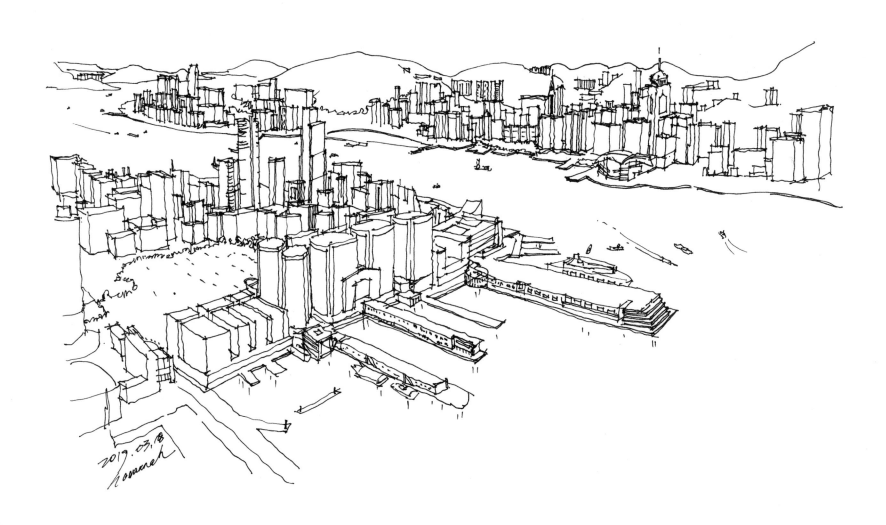

2019.03.18

2019.09.09

参考文献

[1] 石炯 . 构图与透视学——文艺复兴时期的艺术理论 [J]. 新美术，2005（01）：43-52.

[2] 朱育万，钱承鉴 . 阴影与透视 [M]. 北京：高等教育出版社，1993.

[3] 张汉平，种付彬，沙沛 . 设计与表现 [M]. 北京：中国计划出版社，2004.

[4] 赵国斌 . 手绘效果图表现技法 [M]. 福州：福建美术出版社，2006.